典藏新中式

中式会所

中国林业出版社
China Forestry Publishing House

目录

Contents

刘家大院

Lau's Family

设计师：何兴泉

项目地点：江苏无锡

项目面积：3500 平方米

刘家大院前身即刘墉江阴任职期间的官邸。刘家大院借助刘墉故居的地域文化，还原其建筑古宅，利用建筑及环境的先天优势，打造具有现代功能的人文餐饮会所。传承故居文化，传承名人文化，传承江阴文化。原生态与时尚的现代设计风格相结合。创造一个集城市、建筑、自然和人和谐共处的中间地带——“灰色空间”。

设计风格采用了以纯建筑美学的表现手法尽量注重发挥结构本身的形式美，但同时充分利用地域文化特有的基本风格用现代简约的表现手法，表达餐饮会所氛围、地域风情和开放文化的融合。空间布置上，以“庭”“院”为主导，将各类型空间以点位的方法分散布置，再通过曲桥、连廊、庭院有机地将这些分散的独立空间衔接起来，整体错落有致，层次分明。

材料上以环保、实用为方针，在种类的控制上以精简为主，不出现过多杂乱的材质，以保证品质的控制性，材质在前期选择上就对性价比，施工性，持久实用性，防火规范性等多方面做出了删选。

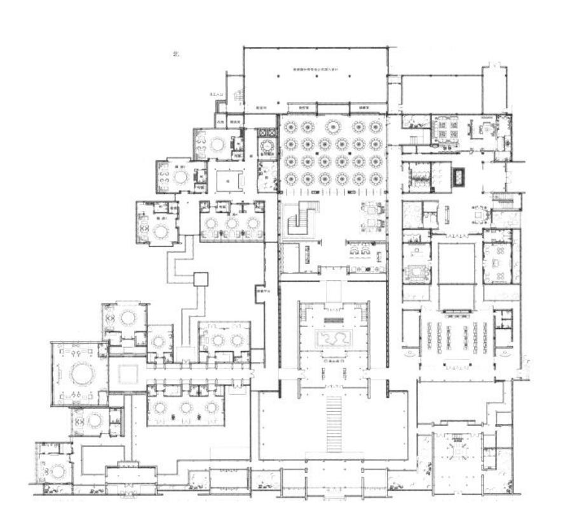

平面布置图

西溪绿草地会所

Xixi Green Grass Club

设计师：刘丰华

项目地点：浙江杭州

项目面积：3500 平方米

轻装修、重软装！简约而不简单，用华美的元素演绎东方古典美，凌驾于奢华之外。主要针对高端消费群体。

以中国古典风格的方式体现不一样的中式文化。结合原有建筑风格，使设计总体空间协调性与原有空间相互渗透，相互融合，达到密不可分的自然效果。在空间细节上，追求文化内涵，以生态文化为基础，以人文文化为特色，结合整体设计规划，做到整体大方，简洁美观，充满人文气息。主要采用环保木质材料与唯美的艺术品巧妙结合。

灵活的材质运用和完美的视觉比例适当辅助，生态文化与人文气息完美结合，古典而不失奢华。使人体验到繁华都市中独有的静谧，环境更让人流连忘返。

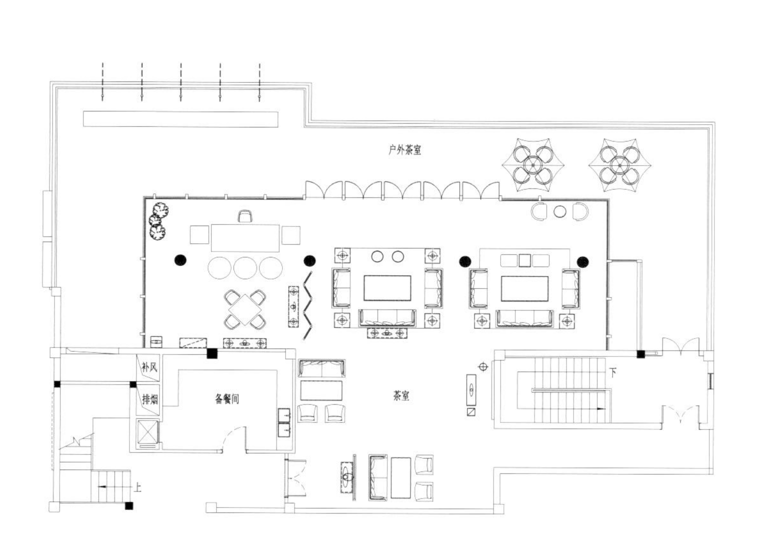

平面布置图

苏园

Su Yuan

设计师：刘世尧

项目地点：河南郑州

项目面积：1510 平方米

“良辰美景奈何天，便赏心乐事谁家院？”几年前欣赏《牡丹亭》的那晚，我仿佛穿越了时空，步入了一个江南的庭院，目睹了一段六百年前的凄婉缠绵的爱情故事。几年后再做苏园，这大美的印象便成了此次设计的主题。把声音与建筑，餐饮与文化很好地融合，承载出另一种文化餐饮消费方式，使它成为一种文化景观，一种城市记忆。

原建筑为两层结构现代风格的售楼中心，我们有意识将会所入口设计为通过庭院进入廊道再进入会所，让客人有节奏地感受到中国园林的含蓄和精致。为了将厅堂版《牡丹亭》在会所中演绎，我们在兼做散台区的中庭采用了中国传统徽派建筑的榫卯木结构，并将地板做成升降地板以备演出、活动之用。餐包的设计以书架为依托，体现出中国文人雅士的情怀，以大美、素雅、含蓄来传递出会所的风雅气质。

在陈设设计中，采用西方新古典及新中式家具的混搭，既有了很好的舒适感又取得了极佳的视觉效果。宝蓝色布草的运用使大面积木色藤编的暖色得以很好的平衡，布幔和竹帘让在散台区的客人既有了围合感又打破了传统木构建筑的生硬。

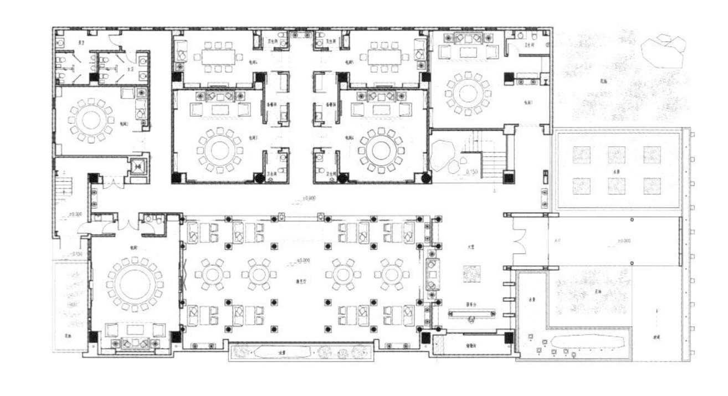

一层平面布置图

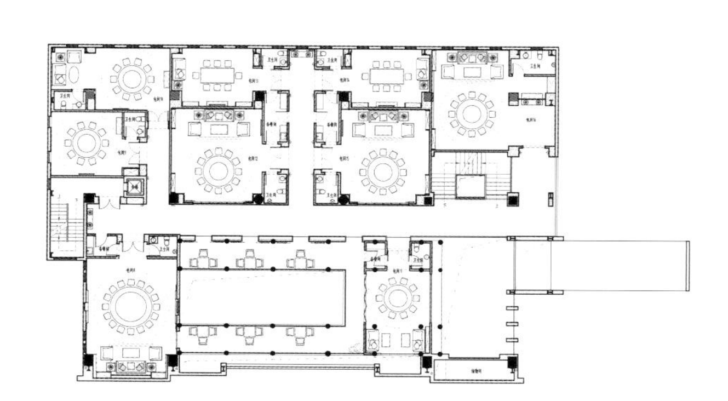

二层平面布置图

京都盛唐

Kyoto Tang

设计师：张震斌

项目地点：北京

项目面积：3000 平方米

本案的甲方是位品味品质极高的墨客，对大唐文化颇为喜爱，而且定位为会所性质，旨在做一个具体的特色餐饮会所。对此次设计，我主要营造一个主题空间——唐文化会馆。在陈设上把大唐文化中的唐三彩、仕女图、御尊、青瓷、青铜的纹饰加以提炼，重新结合。让空间有了秩序、让空间有了序列、让空间有了礼仪、让空间有了灵魂……

设计中的空相——万物静观皆自得，四时佳兴与人同，翠华想象空山里，万里之宵一羽毛。在此次设计手法上和材料运用上：利用木、铜、石、对空间进行整体塑造分割设计，处处以大唐文化的气势与氛围，演绎诠释餐饮空间……竖线条的秩序感、挺拔、力量，气势雄壮。

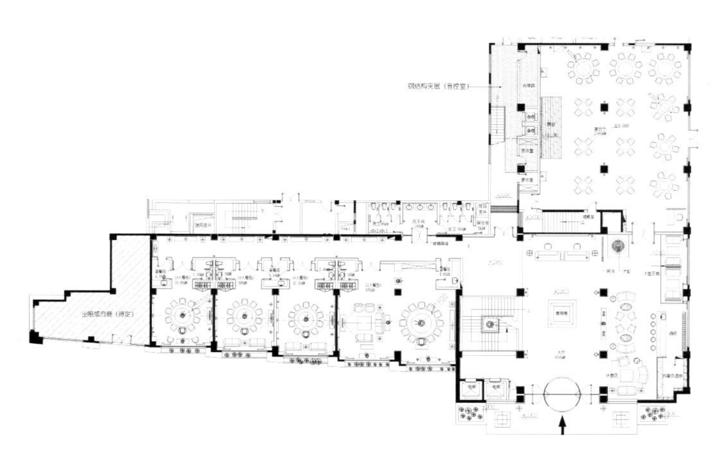

平面布置图

意兰亭

The Prospect of Lanting Pavilion

设计单位：合肥许建国建筑室内装饰设计有限公司　　设计师：许建国

项目地点：安徽合肥

项目面积：460 平方米

主要材料：古木纹饰面板、小青砖、芝麻黑石材、仿古板

设计师借《偶然》这首诗的意境来表达本案，显然寻求的是一种心境，寄托一种情感，亦是大众所期望寻觅的心灵空间。在冥冥闹市中此处才是你的栖息之所，为你打造舒适自然，安静放松的空间。

设计师寻求的恰是蜻蜓点水之情，融入徽派元素整合出最合理的设计空间。少见的清新的中式，带有禅意，瓦片的运用，就像是水黑画一样，而且，很少材料上的堆砌，让人耳目一新。特别是那幔帐的运用，柔化了整个空间的感觉。整个室内空间的设计幽雅、安静、富有诗意与情趣。

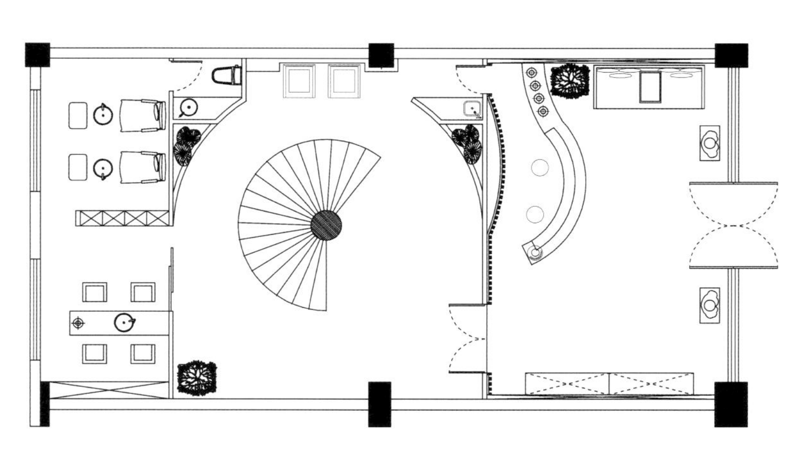

一层平面布置图

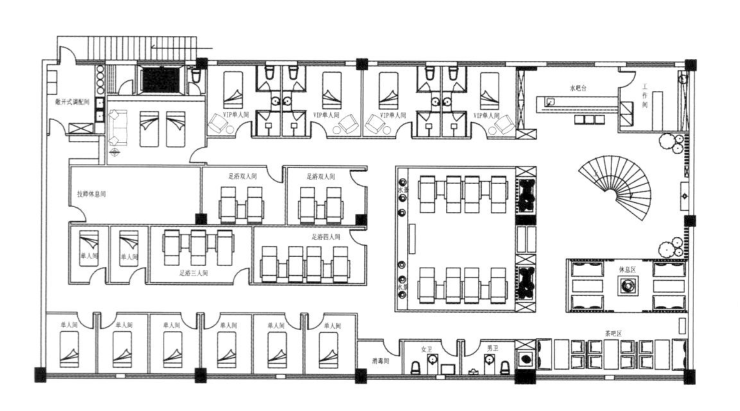
敞开式调配间
VIP单人间
VIP单人间
VIP单人间
VIP单人间
水吧台
工作间
技师休息间
足浴双人间
足浴双人间
足浴四人间
单人间
单人间
足浴三人间
休息区
单人间
单人间
单人间
单人间
单人间
单人间
消毒间
女卫
男卫
茶吧区

二层平面布置图

唐汉神韵

Rhymes of Tang & Han

设计师：孙恺

项目地点：北京西城区

项目面积：1200 平方米

本项目由 C 型围合的院落，共计 1200 平方米，为一个青铜收藏者打造的院落。设计立意：“京城中的唐汉神韵”。院落貌似古建，但建筑手法和格局已不再是传统意义上的四合院形制，方案中希望保留中国传统的意味，而设计手法和材料方面呈现更多的时代感，希望传统元素和现代元素在这里形成碰撞。

该项目虽为形似四合院的形制，但由于是新建项目，在抗震设防和加设地下一层等要求中未采用传统的砖木结构，而是采用砖混结构。为了让院落呈现出这一特性和气质，方案中用青铜器的材料及纹饰作为装饰主题，方案在柚木梁架、枋子、檩上关键部分饰以青铜纹饰，呼应了项目属性和应有的品质，而回避了梁架上用传统明清建筑彩绘形式，从青铜器上淘换出的纹样对空间的适当点缀，使空间气韵由明清风格向唐汉风格靠拢，是方案中设计对业主身份的一种尝试。

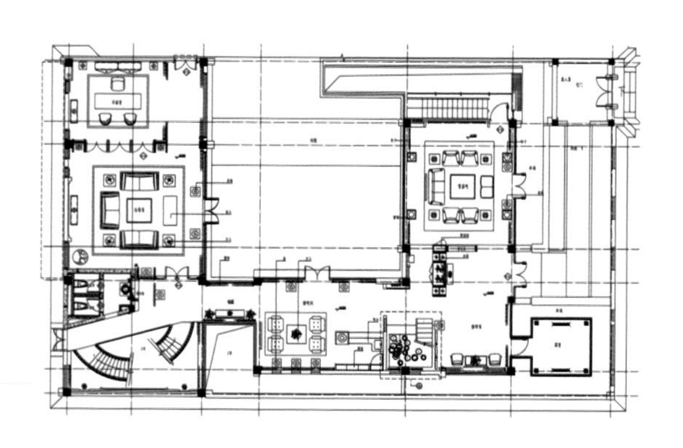

一层平面布置图

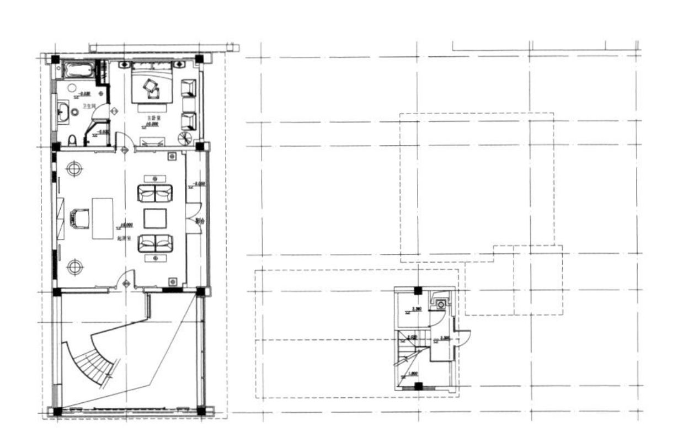

二层平面布置图

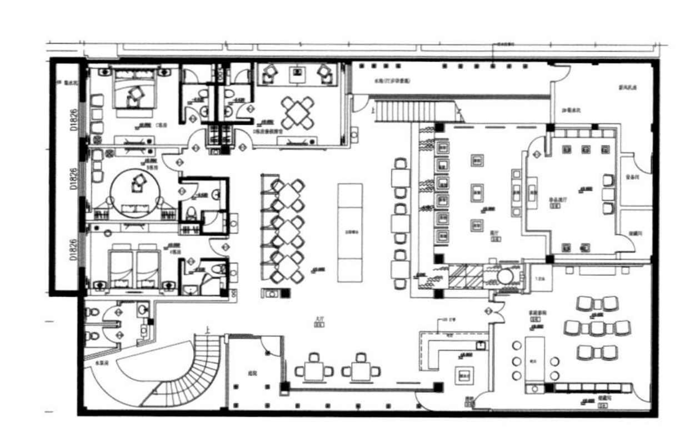

地下室平面布置图

静会所

Jing Club

设计师：吴联旭

项目地点：福建福州

项目面积：1200 平方米

主要材料：青石、灰砖、稻草灰、实木花格

静会所坐落在福州有着历史文脉的古建筑群三坊七巷中，本案突出其历史厚重感，并与传统文化相互结合，着手打造具有浓郁地方气息的茶文化交流会所。设计师以大自然为师，由内至外追求与周围环境的和谐，取材自然，尊重原建筑，协调各种环境要素，细腻地转换着空间，展开优雅宁静的画面。

设计师以具有地方特色的院落建筑为骨架，内部装修时，我们将古宅的使用功能转化成为满足于现代需求，既保留了古建筑的典雅，又不失现代韵味。在选材上尊重原建筑传统，遵循绿色环保原则，展现地方文化特色。

荷田会所

Wuhan Lotus Club

设计师：刘延斌

项目地点：湖北武汉

项目面积：36000 平方米

该项目位于城市的开发区，目的是满足周边地区对商务、会务方面的需求。我们更强调主业水平的密切关联，并将“水”这一元素融合入于设计之中。本案创造了一种沉稳、低调又不失典雅的灰调空间。会所没有艳丽的色彩，呈现在眼前的是由灰木纹大理石和深灰色铁刀木营造出的“灰调空间”，荷花、水草、水纹基理石料、贝壳装饰等元素的大量使用是为了强调与水的密切关联。会所在设计选材上采用灰木纹大理石，贝壳，铁刀木等。

酒店氛围满足于这里的舒适度，由于功能齐备，流线合理，给会所的运营提供了非常好的硬件基础。

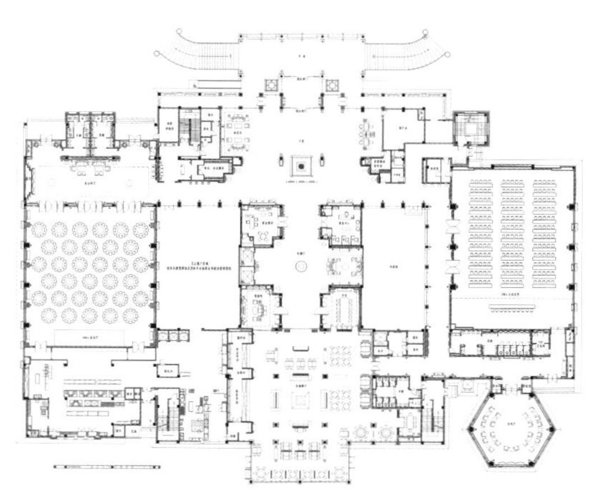

一层平面布置图

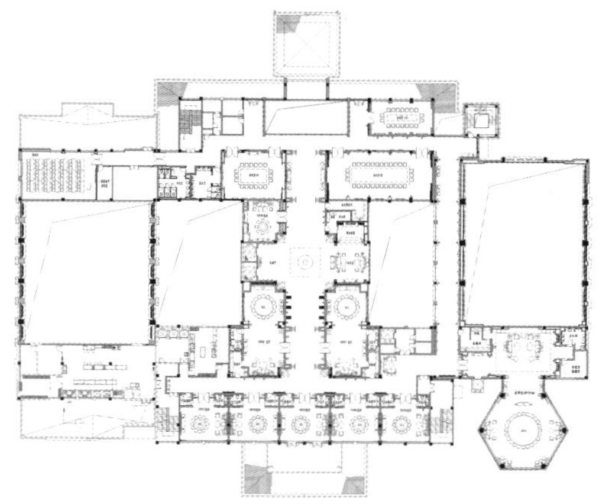

二层平面布置图

龙潭湖九五书院

Beijing Longtan Lake Paramount Chamber

设计单位：Shanghai RID Co., Ltd.／上海泷屋装饰设计有限公司　设计师：小川训央

项目地点：北京市

项目面积：2650 平方米

中国的宫廷以及历史性建筑物等。作为受到保护的重要文化财产，所有这些在生动叙述着的不仅限于中国是个历史悠久的伟大国家，还包括其是一个拥有光辉文化的文明国度。如何将这深远的意味，变换成符合现今时代的设计呢？

本次设计，业主十分强调“古典中国的印象”。这对于身为外国人的我们是个难题。然而，我曾想正因为是外国人，才能演绎出新的、不同的美。首先，就中国的历史性建筑物来说，主要的设计有，独特的石阶，天花和墙面装饰。采用“在某个部分配合某种装饰”作为设想的基础，然后以此为范本，通过变换展现方式和素材以及其使用方法等进行设计。

良辰美景赏心悦目高人聚
安全出口
EXIT

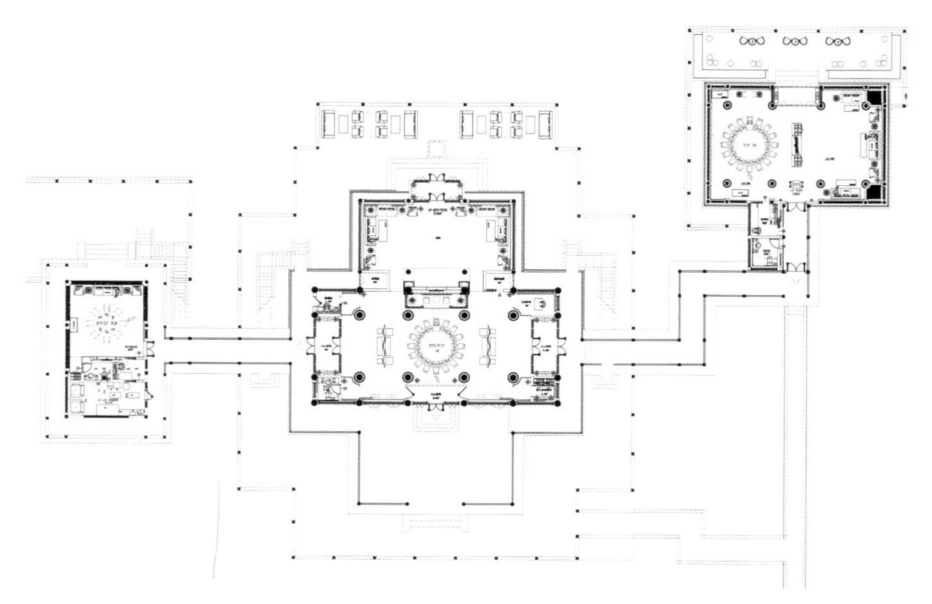

龙吟阁一层平面布置图

在由2650平方米构成的宽阔的会馆内，几乎由包厢组成，风格多样的设计，能够在不同的包厢享受到不一样的氛围。比如说，天花上吊有艺术品的房间，强调突出天花的高度，通过改变很久以前就存在的中国传统艺术品的活用方式，来塑造室内氛围的变化。除此之外，通过在天花上贴木材等手法，避免“纯粹古典中式”取向的同时，还要特别注意不能设计成现代中式风格。就我们的设计初衷而言，是在“古典”这一设计基调中，同时感受到“当代”特有的时代感。会馆内，也设置了可以摆放古董的展示空间，可以享受到的不仅是店铺的设计，同时还有中国的古典艺术。

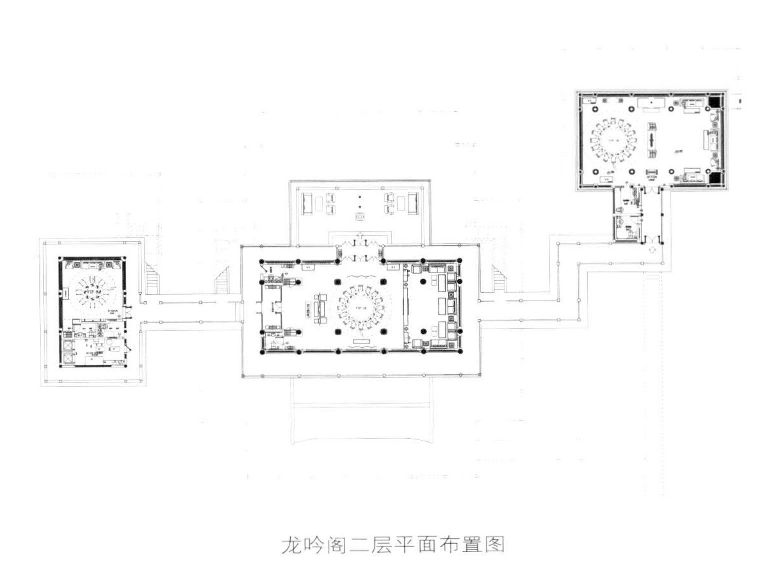

龙吟阁二层平面布置图

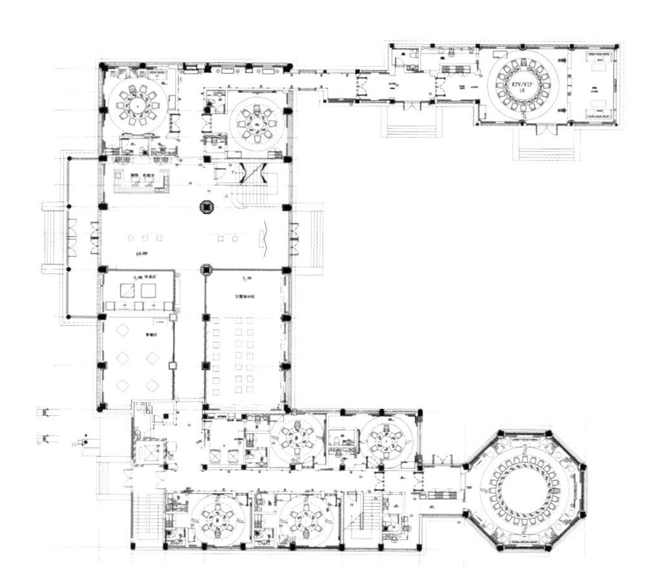

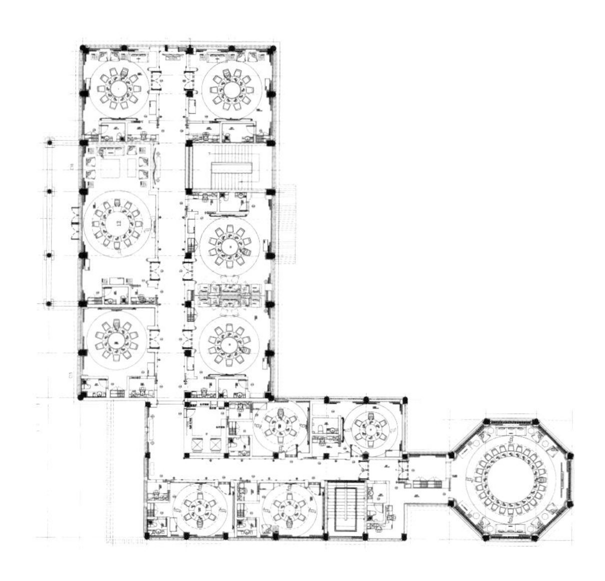

御海平面布置图

演绎风情空间

Space Interpretation

设计师：施传峰

项目地点：福建福州市

项目面积：230 平方米

斟一杯法国红酒的浓香，赏一抹意大利红酒的色泽，品一口葡萄牙红酒的甘美，在浓浓诗情画意的中品尝真纯佳酿，浪漫尊贵随之弥漫。在天瑞酒庄里，每一个转角几乎都可以视为对葡萄酒文化的传承与演绎。它的空间情趣与节奏风格融合了多样的风情与文化，使得隐藏于都市人心中关于精致生活的那些奢望落到了实处。

酒庄共被分为上下两层，它们之间彼此独立，却又不乏交流的可能。空间中的不同区域在满足各自功能的基础上，用色彩、光影、材质的变化来引导着人们的视觉享受。这里似乎在改变着我们对时尚装修概念的定势性思维，设计师充分利用了与红酒相关的元素尽情演绎了多元的红酒文化。

空间里的色彩与灯光设计也控制着来访者的心情。置身其中，会有一种奇妙的感觉，仿佛从现实的喧闹中走出来，而后在这个暖色调的氛围里渐渐褪去那份浮躁。设计师匠心独运地将点光源与泛光源进行有机地组合，并用独特的灯具造型来丰富空间的美感。当似虚而实的光影透过栅格、屏风铺洒在周遭，影影绰绰地构筑起了一方新奇的空间，仿若在梦中。而随着人们脚步的临近，飘渺的梦境也一点点清晰起来。因为视角的不同而产生出这种不确定的美感，使得灯光在赋予空间柔和的特质之外，还营造出些许神秘的效果。这是设计风格上的一种变调，亦可以是设计语言中一种出乎意料的洗练，让人们发现这里的每一个层次皆有动人之处。

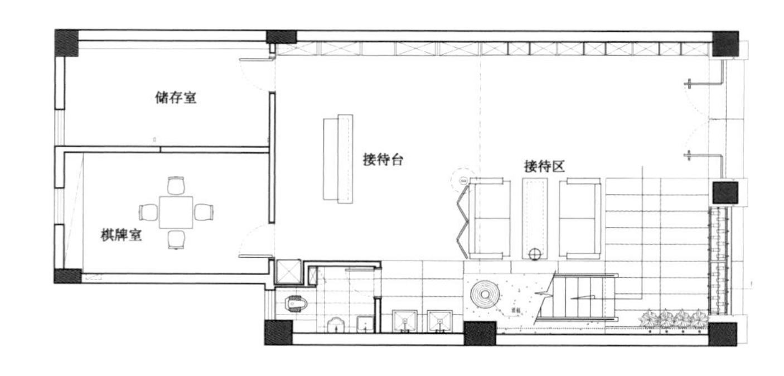

一层平面布置图

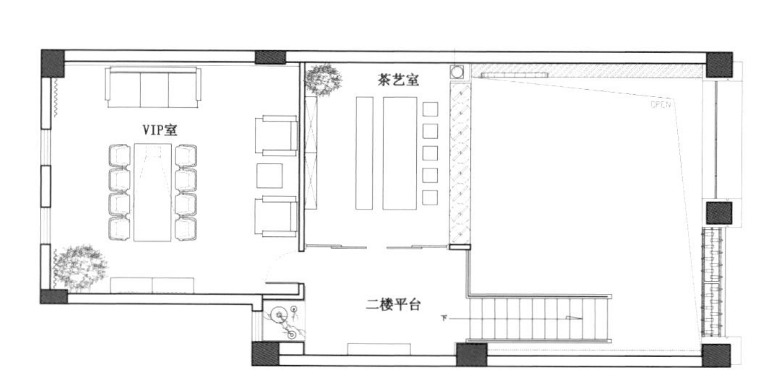

二层平面布置图

茅台会江南之家

Maotai Hui in Jiangnan Club

设计师：马辉

项目地点：浙江杭州市

项目面积：210 平方米

本案位于江南第一会所“江南会”内，专为接待高端人士的商务空间，同时作为百年茅台酒文化的传承展示地，更显其得天独厚的高贵和优雅。本案在风格上采用的是传统的中式风格，把传统的中式元素与建筑本身的风格巧妙融合。一方面解读百年茅台酒文化的历史背景，另一方面延续整个江南会设计元素，呼应周边环境。

空间布局根据功能区域分为两层，一层为展示空间，二层分别设包厢 1、包厢 2。附属空间进厅的一堵由旧铜打造而成的刻有“茅台赋”的主题墙引人入胜，将人带入百年茅台酒文化的浓浓醇香之中。一层展示厅内的展示台采用整棵实木一气呵成，大气而富有历史沉淀感，呼应了传统而经典的整体氛围。

贵州茅台酒
MOUTAI

茅台赋
位尊贡酒，献以芬芳。宴饮珍视，勋诗辉煌。层峦跳拨，
曲水漫漫。物华天宝，胜延千秋。古镇茅台，舟楫老渡。
绝壁栈道，赤川奔流。商贾云集，贸易四海。杼迹之斑驳，
盐道之沧桑。
上善之水，溶元素于红壤；绝妙工艺，化精微于高粱。千
古玄秘之法，万世绝妙之方。端阳孕温热之候，重阳得纯
阳之刚。

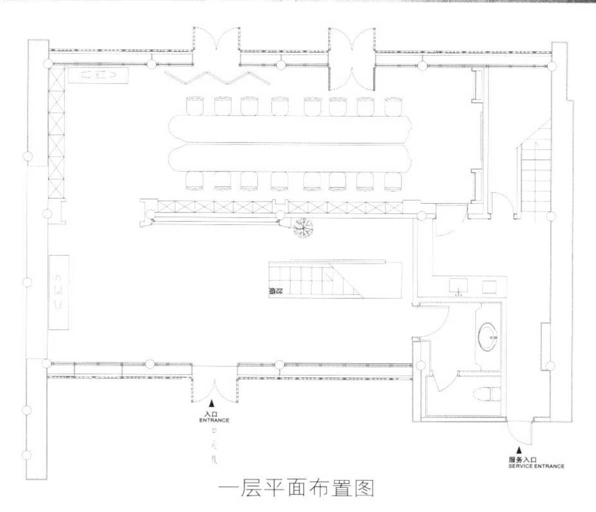
入口
ENTRANCE
服务入口
SERVICE ENTRANCE

一层平面布置图

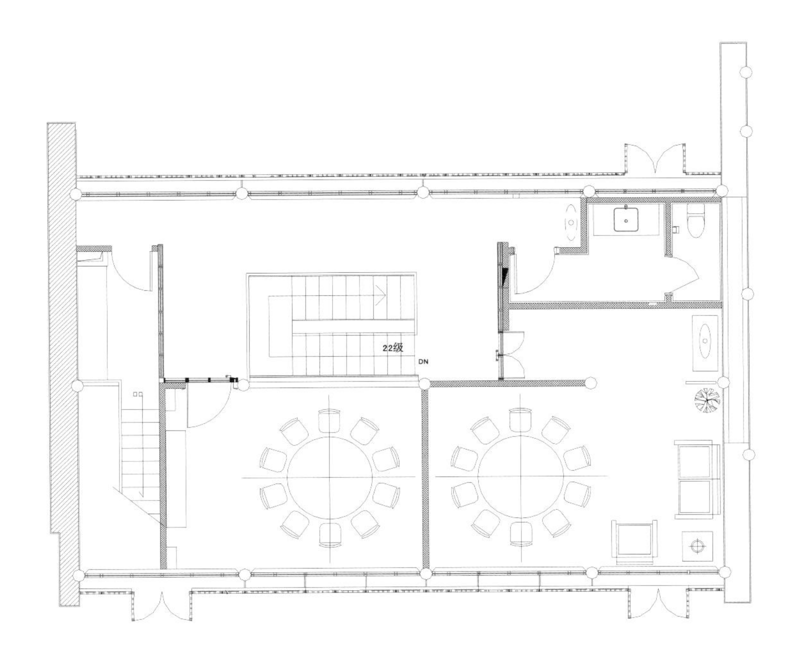

二层平面布置图

万科棠樾

Vanke Tang Yue

设计师：韩松

项目地点：广东东莞

项目面积：3000 平方米

万科棠樾项目位于东莞塘厦镇，北临仙女湖，西接观澜湖高尔夫球场，项目以“营造一种东方式奢华为主的低密度现代东方的渡假休闲居住氛围”为设计核心。作为深圳的度假休闲后花园，资源位置优越，项目销售任务完成即转入酒店经营，作为度假酒店式会所，各功能区，散点布置，以小尺度，曲径通幽的方式体现出一种东方式的世外桃源的气质。

整体的建筑室内外空间与园林景观采用散点式的星罗棋布的典型中式园林布局，小桥流水，移步换景。室内空间强调开放性，把人的体验感往外引，室内最重要的装饰就是和空间嵌在一起的园林景观。注重室内空间与外部园林景观的互动与对话，做到移步换景，处处有天地，将有限的建筑园林景观资源做到最大化；强化室内空间的通透感和可拓展性，通过轴线关系来强化视觉均衡美和丰富的空间层次感。

设计选材的创新点：①所有石材均采用普通非名贵石材，但在其表面均要做多层复杂工艺处理，如褚乌面，酸洗面，机刨面，或几种工艺混合处理面，使石材呈现出完全不同的外观和质感，给人全新的视觉审美体验，同时满足造价要求；②木饰面全部采用仿实木工艺，不使用封边线，封边收口全部巾木皮，既满足实木质感的设计需求，又符合造价要求；③墙纸类材料的选用纯天然亚麻真实质地，给人返璞归真真的感觉。

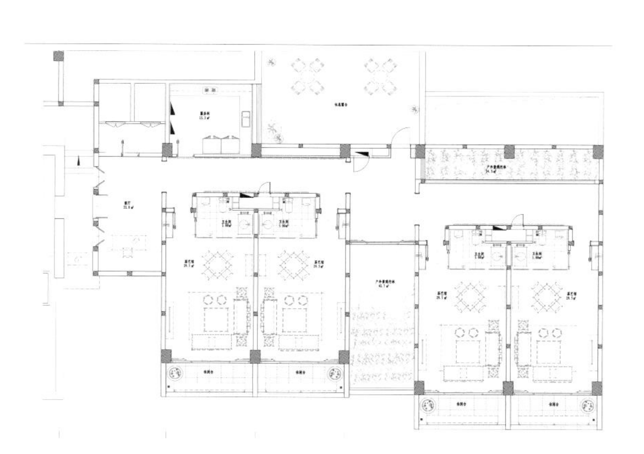

平面布置图

万科第五园蓝山会所

Blue Mountain Club

设计单位：北京集美组装饰工程有限公司　　设计师：蔡文齐

项目地点：上海

项目面积：860 平方米

万科上海第五园会所像一个舞台剧场。“剧中”承载销售和高端接待。设计希望将贵气融入中国式的东方意境，用华美的元素演绎东方美学。一栋从安徽运来的几百年前的老祠堂是本剧的舞台。荷叶、渔船、月影……以海派水墨的感觉演绎着一种江南的情境与上海滩的风情。设计根据当代会所的功能要求来分隔。以老房子为载体的场景将带给客户一种奇妙的购房体验和接待体验。

大量的铜饰将凸显中国式的贵气；镂空透光的祥云楼梯力图隐藏尊贵；闪烁的 LED 灯珠力图使墨绿色的地毯更为华美。竹木地板，青石板岩，透光绿石组成特色的地面。VIP 室的墙面是整块的天然石材，名为山水白；地面也是一种全新的材料，名为水墨竹。

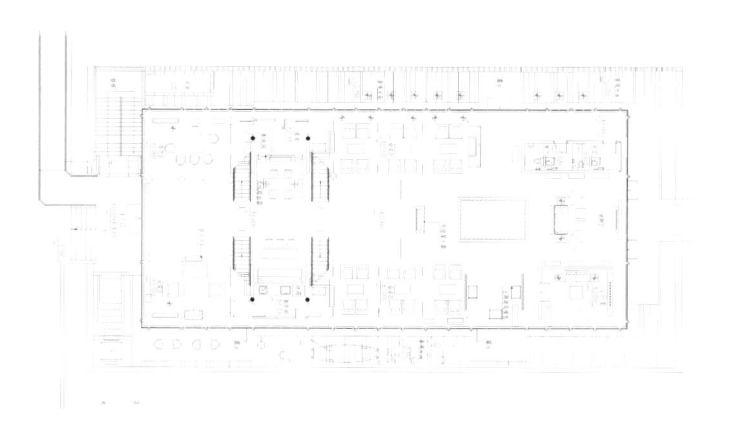

一层平面布置图

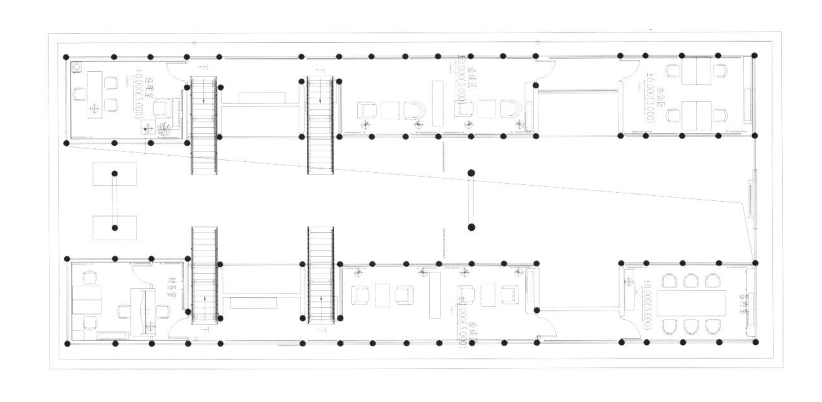

二层平面布置图

润德会所

Run De Club

设计单位：大木设计中国（温州）大木去门建筑空间设计有限公司　　设计师：钱建国

项目地点：浙江温州市

项目面积：500 平方米

“润德会所——润物细无声！厚德必载物！”

润德会所坐落在温州瑞安广场南面，在一个商业环境很浓厚的城市里，会所同样以它独特的方式，成为这个城市的亮点，“品位生活，自由人生”传达的是一种现代人对生活的理解和文化的素养。设计师将东方元素融合在了作品的氛围中，强调了功能与形式的完美结合，更加强调了它的合理性和空间的内在魅力——低调与奢华。设计师大胆使用大量黑色调，使得整个空间深邃而稳重。让步入这个空间的每一个人不可大声侃侃而谈。只可窃窃私语，就是一个空间约束一个人的行为。这也设计之初想达到的目的。但在这样深邃的空间里不可或缺色彩的律动，不是江南的小家碧玉，而是一种成熟、自信和激情。

浓妆艳抹总相宜，色彩的碰撞产生强烈的现代感。在沉稳的黑色中设计师还是很大胆地用鲜艳的色彩，整个空间犹如一幅大型泼墨山水，气势磅礴。顶的处理上采用全黑的做法，目的是想把顶的概念虚化，镂空十二生肖图，光源全部隐藏在顶的上部，投射出斑斑驳驳的光斑，犹如感觉回到童年，月光中，树阴下听妈妈讲故事的美好童年。

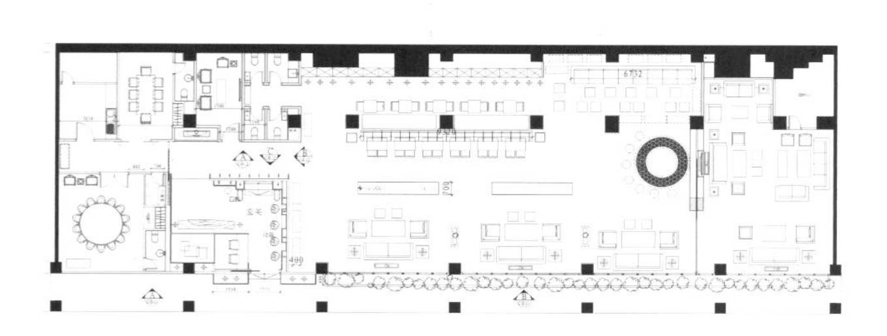

平面布置图

榴花溪堂四合院

Liu Hua Xi Hall Courtyard

设计师：邱爱成

项目地点：陕西西安

项目面积：2857 平方米

“仁者乐山，智者乐水”，这几乎是所有中国人都耳熟能详的一句话。这句话出自《论语》。孔子当时的原话是这样说的：“智者乐水，仁者乐山。智者动，仁者静。智者乐，仁者寿。”其意思是说，仁爱之人像山一样平静，一样稳定，不为外在的事物所动摇。

在儒家看来，自然万物应该和谐共处。作为自然的产物，人和自然是一体的。古的时代古的风尚，对于大自然的敬畏和崇敬激荡于古人的胸中，与大自然对话，与大自然相谐，以大自然作比。实现天时地利人和、天人合一，是一种超脱的时尚，是一个洁身自好的境界，甚至是修身、治国、平天下的追求。

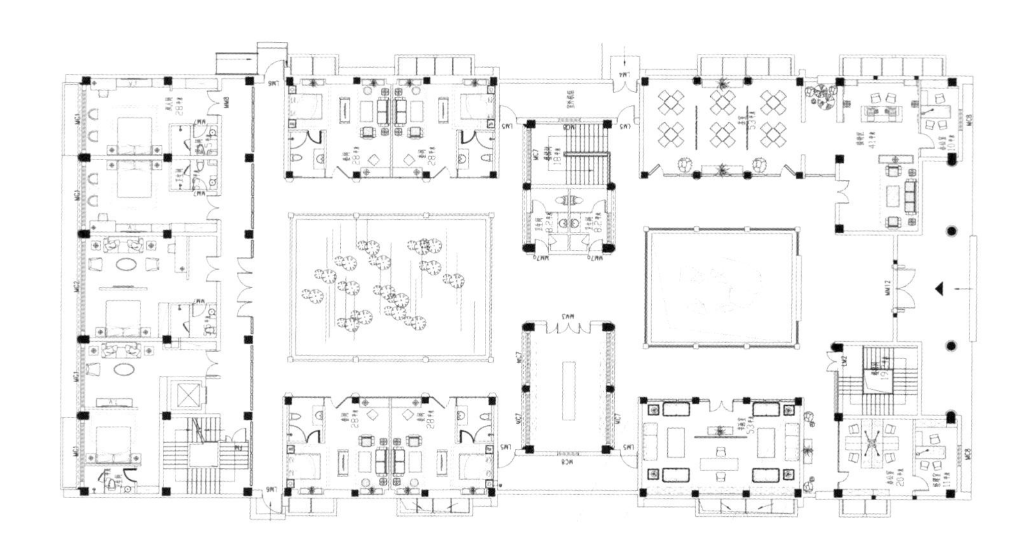

一层平面布置图

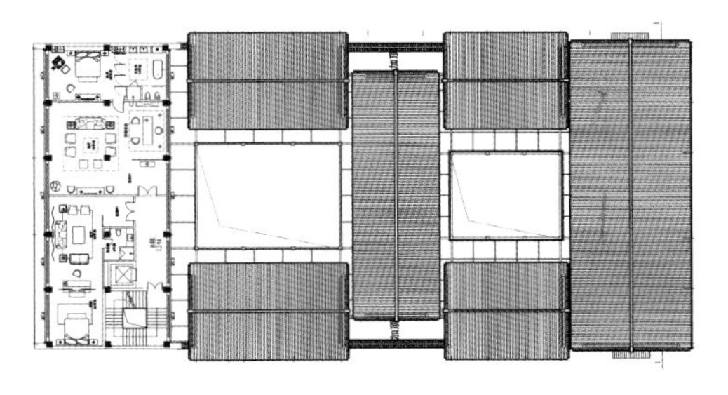

二层平面布置图

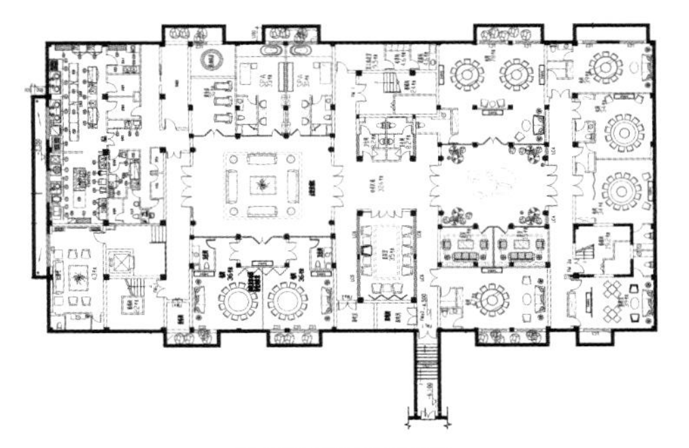

地下平面布置图

闽都别景·燕鲍鱼翅会所

Min Jing: Yan Abalone, Shark's Fin Club

设计单位：福建国广一叶建筑装饰设计工程有限公司　　设计师：陈茂春、刘国铭

项目地点：福建福州

项目面积：1300 平方米

本案位于会所位于福州大饭店内，以燕鲍翅为主导，并具备精美点心、拿手小菜、出品精良、选料上乘、取价合理、丰俭随意，会所舍友高档的包厢、环境优雅的大堂，适合各类招待宴请活动。

作品在设计风格中做足了新中式的概念，从入口吊顶，到室内走廊，在移步换景中感受到中式设计的博大精深。会所中间的休憩廊采用了中式古典园林中常见的亭台式样，将室外的构建转到室内，在方便客人休憩的同时为会所增加了情调。会所的各式包间也分别采用了新中式的很多做法，如花格的巧妙使用、吊顶的处理、壁纸的选择等等。

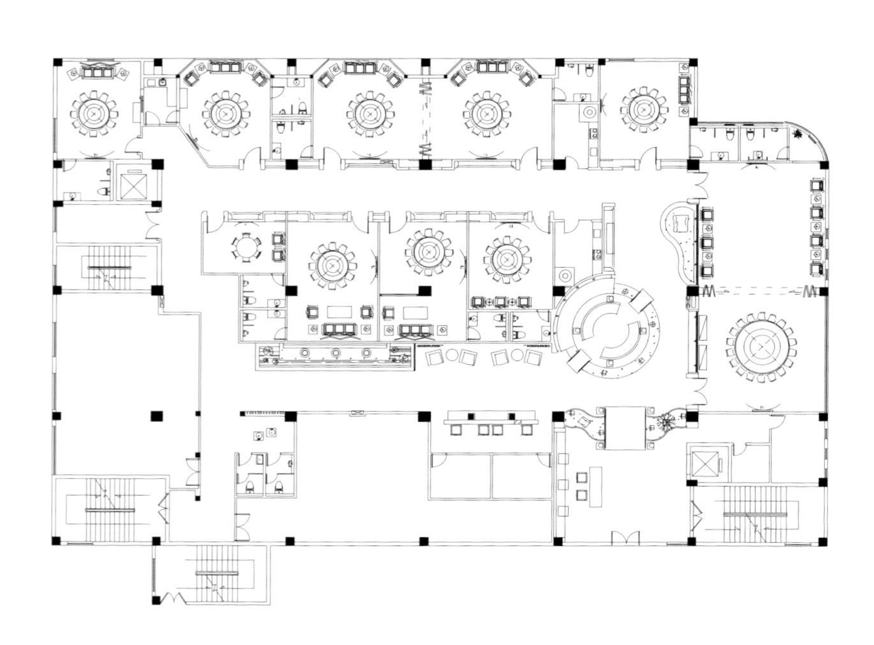

一层平面布置图

赛马会所

The Jockey Club

设计单位：萧氏设计　设计师：萧爱彬

项目地点：新疆

项目面积：2000 平方米

汇聚中国古老元素与现代工艺科技的赛马会所，在室内设计上以新中式风格作为视觉定义，带来全新的度假理念——将度假胜地的静谧、写意和极致舒适融为一体，营造了物我两忘的内敛雅致和个性奢华。

在软装上处处体现了会所的价值感，家具线条简洁，细节丰富，空间流畅，材质高档，功能完善，视觉优美，达到形式和内容的统一，功能和美感完美结合。臻于细节、卓于内涵，处处体现出设计师交织古今与中西于一体的设计巧思，带给您专属奢华的全新感受。在这里，每位宾客所拥有的个人专属服务，与整个会所雕琢奢华、浑然天成的设计相得益彰；在这里，创新的理念蕴含对古典的全新诠释，时尚的科技吻合对细节的极致追求；在这里，传统与现代和谐演绎着完美，造就出一个强烈对比、然而低调雅致的感观世界。

中国会馆

China Hall Club

设计师：周勇

项目地点：四川成都

项目面积：2820 平方米

我们一直把握“充分满足现代功能，用现代设计手法和材料演绎传统”的基本设计理念。院落文化是中国传统住宅建筑的精髓，几千年来，院落不仅是一个具备功能的物理空间，同时还是国人的心灵归属。中国会馆在产品定位上就是努力在寻找我们失去了的心灵归属，寻找当今国人的梦想家园。

我们定位为“河边的院子”，在规划上我们满足了“河边”，在建筑上我们要满足“院子”。“河边”和“院子”就成为了整个项目的灵魂。将各种具备现代功能的空间进行围绕院落有机组合，保证做到每个房间足够的通风和采光，同时注重大小院落天井之间的穿插和分割，营造在空间序列中的趣味。实木、玻璃、石材的运用，将传统文化通过现代设计手法重新演绎。

从大门进入，沿中轴线两侧都是对称的建筑，分别是项目展示区和洽谈区，用长廊相连。庭院中间和建筑的周围都是平静的水面，环伺着展示区和洽谈区。洽谈区的布置方便客人在室内任何位置欣赏外面的景观，同时联系侧院的VIP房和会所。VIP房的前面是围廊和庭院，后面是可以出去的景观平台，全用玻璃幕墙分隔，将景“借”入室内。

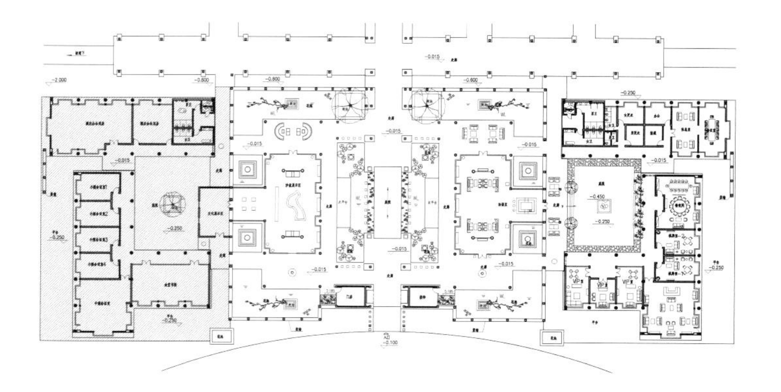

平面布置图

四合院私人会所

Private Club in the Quadrangle

设计师：陈志斌

项目地点：湖南长沙

项目面积：535 平方米

主要材料：仿古砖、青石砖、黄洞石、麻石、紫檀木、银箔、马赛克

在青山环抱之中，以家族生息之地为源点，营造四合院于风水之间，为家族聚会之所，集山水之灵气于当代四合院中。

根据现代生活，对四合院的格局进行优化：北面靠山，为正厅位置，故设计会客厅与客房空间，东面为宴会厅并连接着厨房空间，西面为设备间及公共卫生间，南面临水。主门厅将茶室和娱乐室一分为二，中央步道把一方庭院分为四神庭院与松风庭院。西边的四神庭院把青龙、白虎、朱雀、玄武四神按方位把守。四面清水溪流环绕，留出中间麻石空地供人游走，东边的松风庭院以玉树临风的罗汉松为核心，便于餐后在走廊漫步欣赏。茶室则是中西合璧，中间主要是休闲茶桌椅，两头就风格各异了，西头是颇具现代感的酒吧及藏酒柜，东头却是一方书法台，可淡定读书，也可即兴挥毫，随心随性。

采用简约手法对空间进行优化，减去复杂的古典形式，代之以整洁的界面、时尚的材质、柔和的灯光，以抽象的意境凸显现代气质。门厅只取顶部架构，照壁做得简洁而通透，内部配以柔和光带，玲珑剔透，牡丹浮雕也与花纹墙砖呼应得体，而另一边也简到极致，只有光带和家具。中央会客厅在视觉水平线以草书装饰，把青砖墙面的层次感调动起来，整洁中带着灵动和飘逸。四间客房分别以梅、兰、竹、菊主题来命名，寓意传统文人的审美情趣，采用镂空图案的形式，把主题做得现代而具有立体感。餐厅把灯光设计得亮丽辉煌，推杯换盏，热闹非凡，用浮雕图案呼应休闲氛围。

杯酒话山居

Mountain Club

设计师：许娜

项目地点：福建福州

项目面积：800 平方米

主要材料：原木、防腐木、金属砖、青砖

掩映于青山碧波间的这一建筑建造于上世纪 70 年代，其主体结构为条形原石搭砌而成，之前为一 CS 野战基地，此次投资重新改建，旨在打造一个户外、养身为一体的休闲场所，使到这里的人可以与自然最近距离的接触，亲近蔚蓝，享受碧绿。

定位好此番设计的目的后，我们的设计工作便依次有序的展开。先是对建筑原结构进行一些必要的改造，主要是两个方面：一个是楼层的改造，一个是建筑外围环境的改造。原楼顶加盖的一层以青砖灰瓦表现出悠远灵动的东方意境；大面积落地窗能够最大限度的把自然带进室内；依地势引入山泉而成的池塘波光滟滟；不远处依山而建的风雨亭在取材和工艺上传承了中国传统建筑元素，做旧手法的处理后一眼看过去颇有几分似杜甫草堂。通过改造将自然山水与人文建筑更完美融合在了一起。

本案在材料的运用上也是颇费了几番心思，为了遵循原建筑的整体风格，也为了与自然环境的沟通融合达到一致，在用材时，木材占了很大的比重，从门窗到桌椅到顶楼大面积木地面再到栏杆等等很多地方都是木料，值得一提的是，这其中很多是从各地拆掉的老房子中淘来的，于是现在我们可以从很多地方都看到岁月留下的烙印。

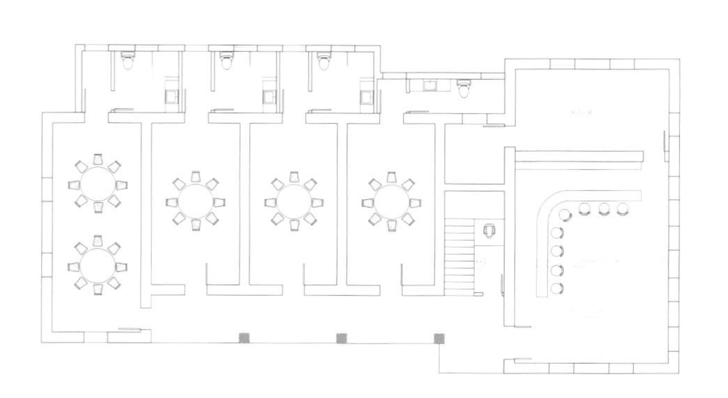

一层平面布置图

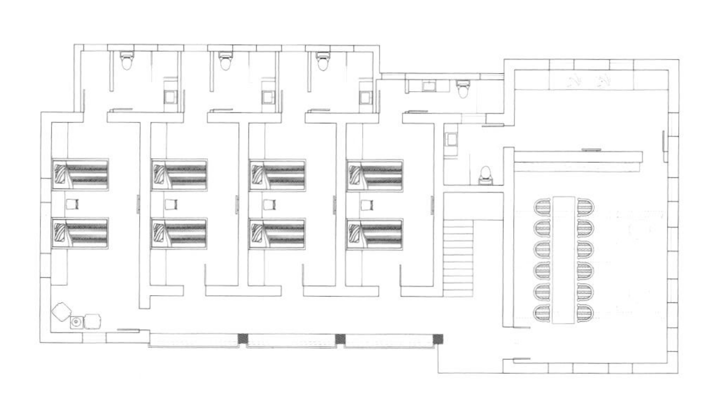

二层平面布置图

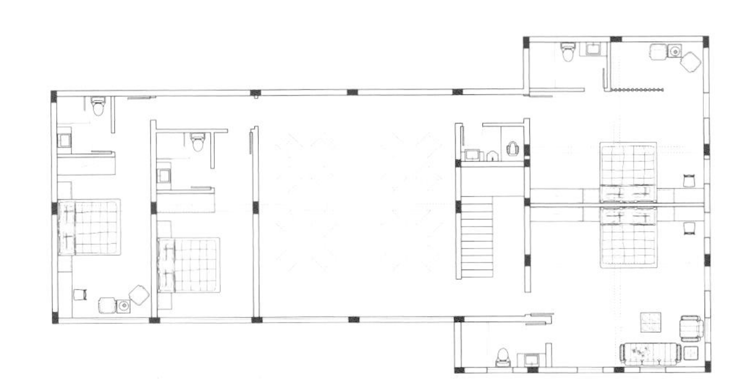

三层平面布置图

在陈设上，我们也是强调旧物利用的原则。很多颇具民风的老式家具也是从多个地方归置来的，把这些旧物置于这样一个全新的空间中，东方风格的秀气典雅得到了新的定义，新旧之间可以更好地契合，更为这一建筑空间增添了几分神韵。

闲暇之余，登上位于半山腰的这里，放眼望去，满山的绿顿时消解了全身的疲惫，再斟上一壶薄酒，此情此景岂不让人快哉！

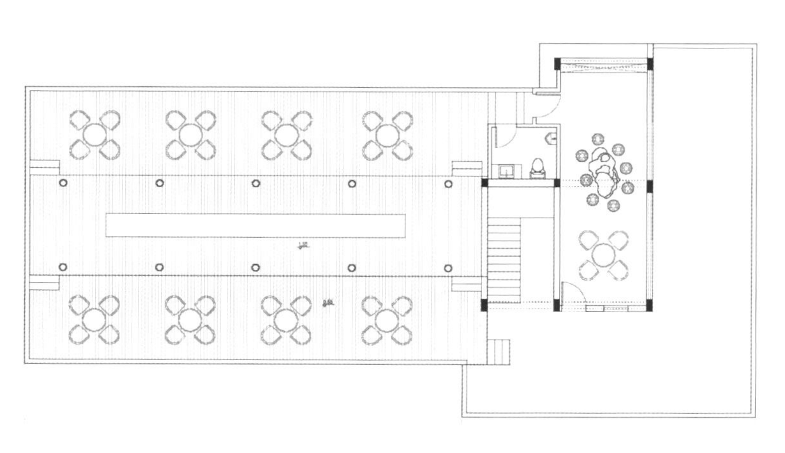

四层平面布置图

乌镇盛庭会所

Sheng Ting Club, Wuzhen

设计师：王琼

项目地点：乌镇

项目面积：2400 平方米

主要材料：实木地板、大理石、仿古砖、金箔肌理漆、镜面、乳胶漆、木饰面、墙纸

如何传承文化脉络？对古建的修缮、保护、延续和拓展是最基本的做法，但也是表象化的、简单的做法。我们认为深层次的做法应该是解构——提炼出传统文化的代表性符号，把它们与新材料、新技术结合起来，构造出传统文化的新面貌。

盛庭会所是一处占地 2400 平方米、保存比较完好的古建群落。在设计过程中，我们本着保存原有古建本身构造的原则，以修复为主，在还原其原始面貌的基础上使其符合现代生活需求，主要用材为石材、实木地板、乳胶漆、镜面，避免对其过多的装饰。在会所氛围的营造上主要以家具和软装饰为主，使其达到比较好的使用舒适度，体现以人为本的设计原则，让客人在接近自然的同时又能有好的使用环境。

木构是中国古代建筑文化的生动体现，我们用其对建筑进行适度整合，以达到保护和修缮的目的。我们使用的木构非建筑本身的木构，主要突出木构本身的组合方式，并自始自终在木构中穿插传统的纹样与图案，木构上下交织，并在其中穿插屏风，实现再次整合。注重材料质地与本身肌理的表达，加深对木构的理解，并通过白色乳胶漆，浅色地面，室外灰色景观来衬托出深色木构。

我们的原则是做旧如旧，新旧本身交替转换。整个项目体现低调、内敛的华贵，表面充满个性化色彩，实际非常适合人们居住，整个空间散发着高雅品位。

北湖皇帝洞景区会所

Club in Scenic of Emperor Hole, North Lake

设计单位：福建国广一叶建筑装饰设计工程有限公司　设计师：叶斌

项目地点：福建福州

项目面积：3000 平方米

主要材料：管、槽钢、清水砖、花梨木、杉木、青石板、快涂美涂料、玻璃

大城市的生活对于许多人而言，终究太过奔忙喧嚣，人们为了生计与前景日夜操劳，总是难免向往起远古时候的东方生活。那时的人们日出耕作，午后吟诗。偶得竹林下一片飒爽，或是夜凉如水的一枚满月。对酒当歌，落英赏之不尽。大地寂静笃实，四季更迭，人们代代繁衍不息。那是全然随着天地自然的神圣前行的路途，是充满禅意的生活姿态。又或者，那只是朴素的一朵花，一处大宅中的书院。

古朴院落，怡然禅坐

皇帝洞景区福州会所，由国广一叶设计施工，是2008 中国室内设计双年展的国家金奖作品。作为此次双年展最优秀的作品之一，皇帝洞景区书院全然融合了人文与自然、理想与现实、古朴与大气，一切浑然天成。

现代材质，灵动元素

在整个空间中，除却大量古式家具以及东方古典建筑元素之外，作为现代优秀设计作品，设计师在设计上，亦处处别出心裁地运用现代元素。

明净的玻璃上，映有中国红颜色的龙图腾使得空间韵味大大增加；钢丝吊起的木质阶梯则是融合了古式木头楼梯与现代的通透和技术；点式光源以其精准汇聚的光线，使得空间中的明暗得到了极佳处理，更加凸显空间美感，叫人分不清是多少年以前的月光或是薄日落在此处；门廊尽头，极富现代艺术感的树枝状雕塑更是使得空间带上一丝迷幻的色彩……

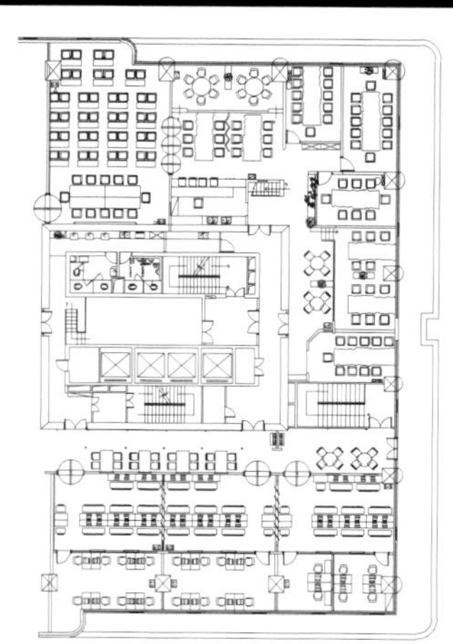

平面布置图

颐和园阿曼酒店

Oman Hotel in Summer Palace

设计单位：北京丽贝亚建筑装饰工程有限公司　　设计师：宣井鑫

项目地点：北京市

项目面积：7800 平方米

主要材料：古建灰砖、蒙古黑（哑光面）、防滑地砖

阿曼酒店的装饰风格与紫禁城相似同样如此，酒店一部分是十九世纪的庭院风格。房间内家具的设计也采用了明朝风格，采用再生榆木，极像紫禁城中的摆设。回纹装饰的屏风、立体刺绣的枕头、富于装饰的回廊都与颐和园内景致别无二致。

酒店音乐厅里，艺术家们身着刺绣长袍，在午后或黄昏演奏二胡、琵琶和古筝；画室里，书法家和画家们挥毫泼墨创作之时，客人还可以从旁观看。这是一个真正宁静和谐的所在。酒店开业时为 51 套房间，配备了 350 名中国服务员，服务相当细致周到，几乎每次你离开房间都会有人进行打扫，但绝不会有人喋喋不休地向你推荐就餐和观光地，唯一会对你造成轻微打扰的恐怕就是照明与音乐系统的开与关。

铜仁上座会馆

Guizhou Tongren VIP Center

设计单位：深圳华空间机构　设计师：熊华阳

项目地点：贵州
项目面积：7000 平方米
主要材料：大理石、绿可木、布艺沙发、装饰画

坐落于贵州省铜仁市的上座会馆，是接待当地高端人群及高级客商的重要场所。在这样一座有山有水的自然静寂之城，最适合于它的建筑莫过于传承我们几千年历史文化的中式风格建筑了。上座会馆由两座三层高的中式建筑砌合而成，由建筑外观到室内设计，及软装配饰等，均由华空间一体化完成。会所内含有健身会所、娱乐酒吧、中式餐饮等项目。

设计师在设计项目时需扬长避短，充分利用项目的优势，上座会馆依托于当地的山水之景及少数民族特色，所以从外观设计到室内设计，使用中式的设计框架结合现代风格的家具、饰品，院子中央的小池塘、少数民族特色的壁画、现代风格的沙发、中式古典的木椅、竹叶图案的地毯……使会所由内及外的散发出传统的、高雅的新中式设计风格。

空间的设计不在于将墙面及吊顶做复杂的处理，而在于给它恰到好处的点缀；古典中式的沙发是否会有些呆板？我们结合现代简约的沙发一同陈设，流畅的线条即显现出来；普通的过道如何才能拥有设计感？我们使用镜面并带有图案的玻璃做墙面；正统的中式包房拥有古典的中式家具就足够了吗？我们设计了与众不同的玄关增加了包房的设计感；您是否忽视了楼梯的设计？但我们注重项目的每一处细节，选用几何形状的时尚楼梯扶手，并在楼道陈列着艺术品展示……

无论是室内设计，还是产品设计，成功的设计在于相辅相成，由点及面的互相呼应。如此案中多处应用的方圆结合，会馆外观，接待大厅，池塘边上，包房内的玄关，都是方圆之间的艺术组合。

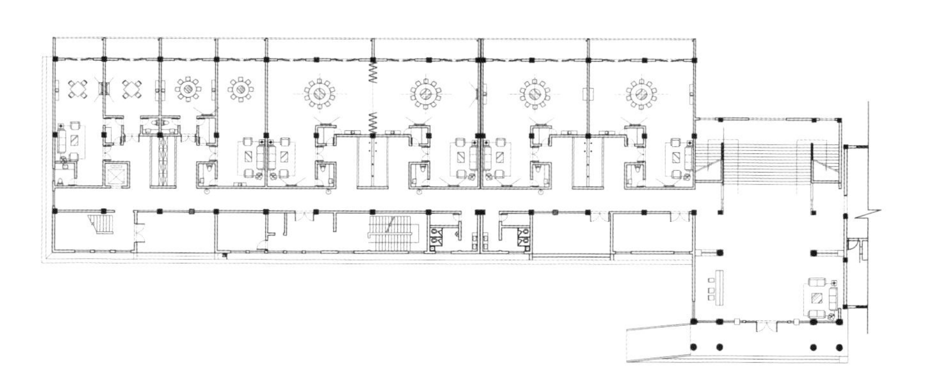

A 栋一层平面布置图

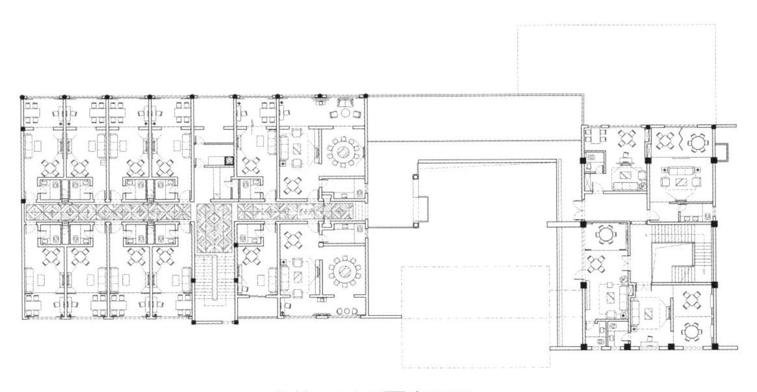

A 栋二层平面布置图

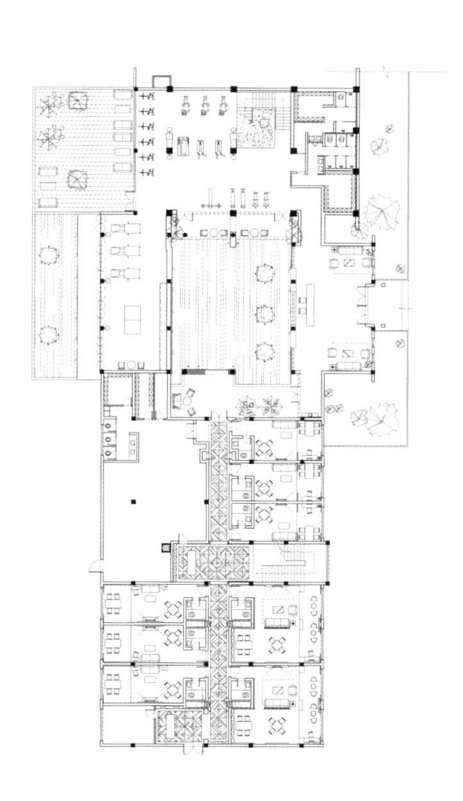

B 栋一层平面布置图

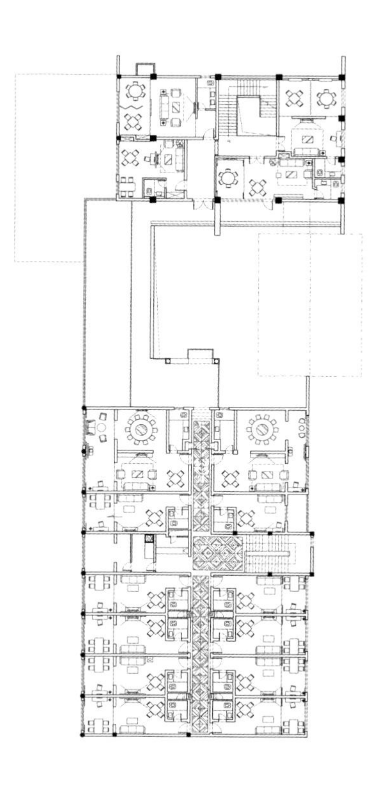

B 栋二层平面布置图

合一庭·中药医学联合会馆

House of Traditional Chinese Medical Science

设计单位：香港东仓建设集团有限公司　　设计师：余霖

项目地点：四川成都市

项目面积：3000 平方米

基于该类型的项目定位具有创新性与独特性，我们借由当代设计手法使其在以传统表现手法为主的中药医学空间跨越而出。由于该项目为政府业绩型项目，作品的当代风格更着力吻合与体现政府行为的与时俱进，并潜移默化为政金圈进行当代风格系统审美的示范。

该作品建筑外围基调为抽象东方元素，坐落与沿河湿地环境。室内空间与内部建筑环境着力体现淡定含蓄的东方之美。由于项目主题冠以中药医学主题，静以养生概念成为空间的设计元素。两局三进式空间，借经典古建之形还当代东方文艺之魂。

结合造价与维护性质考虑大面积采用塑木材质作为建筑与室内的主要表皮。所有简约材质与手法的产生基于“让空间下沉，感受上升”的核心目的。

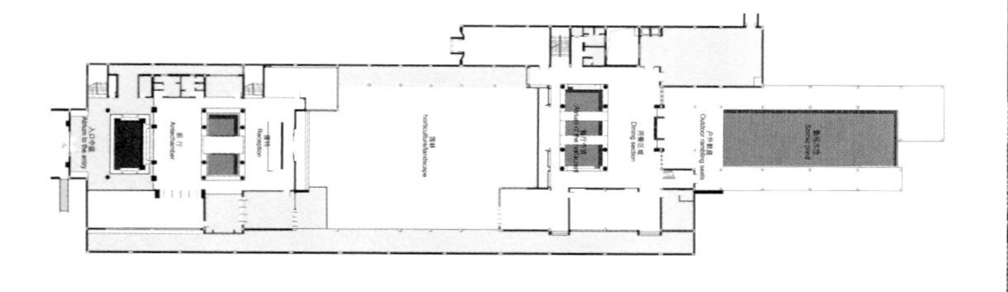

平面布置图

候鸟渡假村

Migratory Bird Resort

设计单位：Kinney Chan & Associates　　设计师：陈德坚

项目地点：海南

项目面积：140 平方米

光耀候鸟高尔夫球场拥有极好的自然资源，是南中国最大的候鸟栖息地。候鸟球场里的小型别墅风格，依山环湖而建，采用平层别墅设计，自然中带着奢华的味道。

这个别墅以现代中式风格为主旨，简约澄净，比例与线条，色彩和纹理，皆与自然融合。充满宁静含蓄的气氛，贴近人内心深处，清净与简单平等的风格。

简约的处理手法加入细节上的处理，也避免过多的陈设而导致无谓的混乱。色彩方面使用相同柔和色调子达至色彩的和谐，加上深色调的木线纹理营造对比有趣的效果。宽阔的水池庭院和自然景观，令整个环境写意又豪华。

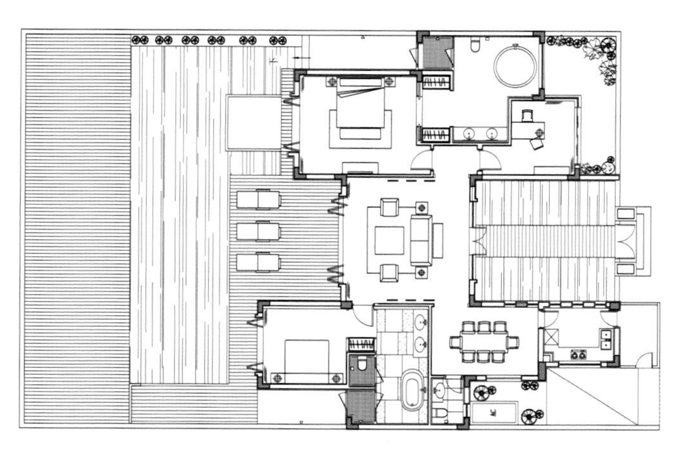

平面布置图

璞御会所

Pu Yu Club

设计单位：古鲁奇公司　设计师：利旭恒、赵爽

项目地点：天津

项目面积：2500 平方米

璞御会所座落于天津市中心区，整个区域内国际级体育馆与公园林立，呈现出市中心闹中取静、独一无二的国际都会样貌，这同时也呼应璞御会所高端商务宴请的市场定位。

“低调奢华”不代表“虚浮的财富”，而是一种人生的境界，会随着人生阅历的累积与心境的成长改变。在中国崛起的太平盛世下“低调”是品味人生的新概念。这个项目延续设计师利旭恒对美食空间品味一贯的追求态度，在质朴的质感中保有华丽创意的实践。璞御会所再一次拔高了中国火锅的高度，特邀请了台湾著名设计师利旭恒主笔室内设计，设计手法一向喜欢融入中国元素的利旭恒运用了西方时尚的手法，并结合大量的中国元素，呈现出令顶级食客们感到耐人寻味的低调奢华与温馨感。

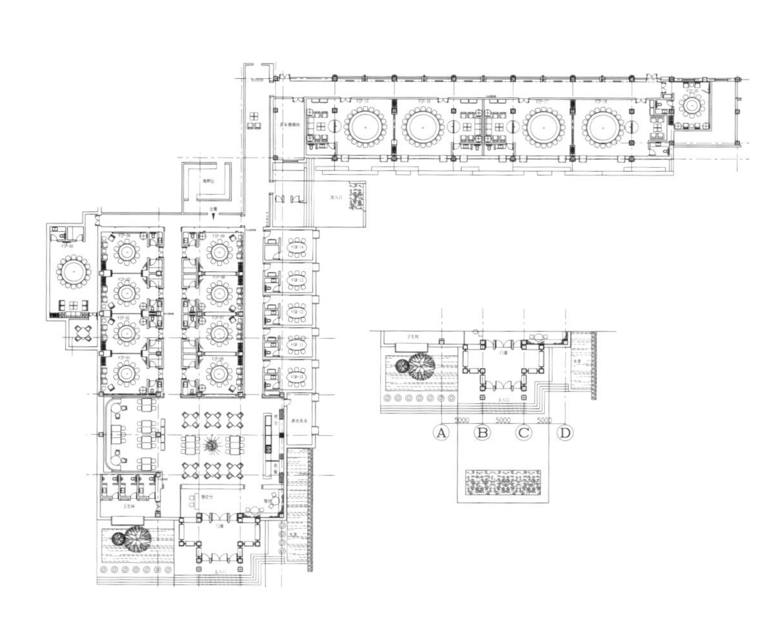

平面布置图

利旭恒表示，由于他在空间气质中融入了抽象与具象的中西文化混搭，意境上来自抽象的《富春山居图》，建筑融入瑞士国宝及建筑师 Peter Zumthor 的 Therme Vals 概念，低调冷冽的材料上搭配清康熙年代意大利画家郎世宁的中国宫廷画，迥异的时空与时区在同一个空间碰撞，使得宾客们不知不觉的感到身心灵的释放。

从入口处开始，设计师的概念是将大量的棋子陶瓮串联成醒目的落地墙面，让第一眼印象就充满戏剧性，同时也成为整个空间营造出张力十足的华丽背景。选材上采用的元素包括：石材、金属、玻璃、大量的水晶灯等，突显了璞御会所在天津市场顶尖的定位，设计师利旭恒让津城顶级宾客在品味美食之外，视觉感官也能有绝妙体验。在这里直接领会到当今中国最奢华高调火锅料理精彩演义。

唐乾明月会所

Tang Qian Ming Yue Club

设计单位：道和设计机构　设计师：高雄

项目地点：福建福州

项目面积：350 平方米

主要材料：黑钛、墙纸、仿古砖、蒙古黑火烧板、绿可木、白色烤漆玻璃

用现代手法演绎中式风格的新内涵，颠覆会所的传统概念定位，用标志性的中式元素赋予会所新的空间使命：宁静致远的环境，触手可及的高端。这就是以“新中式主义诗意栖居”为销售亮点的唐乾明月会所。没有醒目的介绍，看不到大张旗鼓的气势，藏身于市中心的五四路段，可谓是小隐于市。

初入会所时，见着空间上的明月造型和软装上相呼应的莲花灯时，脑海中猛的浮现出“明月耀清莲”的画面，不禁脱口而出：明月如霜，轻妆照水，纤裳玉立，飘摇似舞。

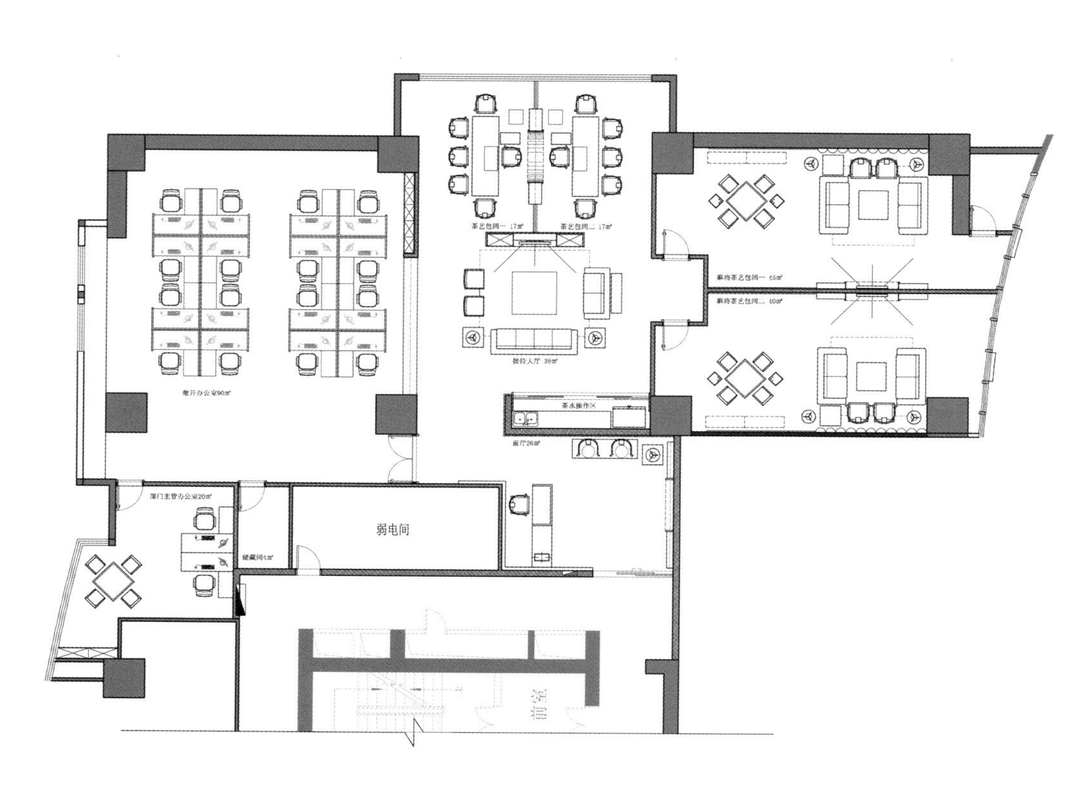
茶艺包间一 17㎡
茶艺包间二 17㎡
麻将茶艺包间一 45㎡
麻将茶艺包间二 40㎡
敞开办公室90㎡
接待大厅 38㎡
茶水操作区
前厅26㎡
部门主管办公室20㎡
储藏间4㎡
弱电间

平面布置图

别，通常理解为特别，植根于生活，跳脱于世俗，用轻描淡写的超然，直抵内心的柔软，刻画出的深邃印记，值得用忠诚追随。唐乾明月会所，就是一个如此特别的地方。没有泛着冷光的大理石路面，没有高耸迷离的水晶灯，只是将向往的情境空降，让奢侈的精神之旅，在环境下，灯光里，水声中，不着痕迹地实现。

在会所的入口处随意树立着若干木桩，有着一种原生态的感动。中式元素的运用，行云流水，一如清莲般恰到好处的出现在属于它的位置上，流畅的视觉引导，自然不做作。只在你伫立或是冥想之余，一杯茶就可品得它的万般风情。灯光下，稍作修饰的原木，泛着淡黄色的光泽，一种温暖在蔓延，涌动着某种喜悦。直白地展示在眼前的木质纹理，显得格外的亲近，让人有一种想触摸的冲动，引得内心里回归自然的本能蠢蠢欲动。走廊的尽头，一个旗袍形状的木架上，大红灯笼高高挂。红色，在原木色系的映衬下，少了艳丽之感，印在墙上的红晕，窥视出设计者心思的细腻：赋予配饰思维。用它们的形态，绽放设计光彩，延续设计生命。正如用潺潺的流水声，随意拨弄着你的情感起伏。

万科公望会会所

Vanke Gong Wang Hui Club

设计单位：杭州良品室内装饰设计有限公司　　设计师：杨春雷

项目地点：浙江富阳黄公望森林别墅

项目面积：5000 平方米

主要材料：石材、木饰面、铜艺、墙纸、硬包、实木地板

本案坐落于万科地产高端项目“万科公望”主会所，面积 5000 平方米，面向外界开放，为接待杭州当地高尚人士，打造的具有地标性质的城市综合体。考虑，位于风景如诗画般秀丽的富春江畔，采用国际化现代手法诠释传统风韵的新亚洲风格，便水到渠成。

设计师跳脱传统风格中庄重、严肃的气氛，试图透过现代简洁线条营造与户外自然景观相得益彰的闲静美。以白色、深木色、石材铺垫于整体空间，张弛有度透出中式淡雅的人文气息。全案画龙点睛之处，变换“铜”之各种形式，巧妙穿插于空间无处不在，让尊贵成为主线。

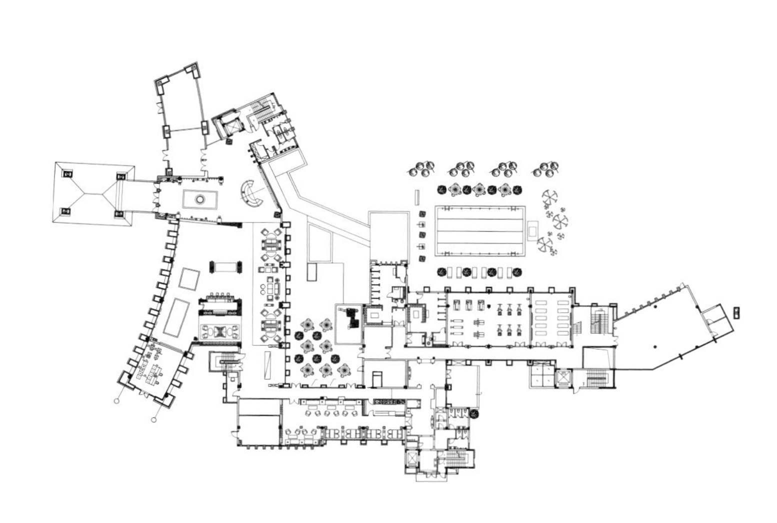

一层平面布置图

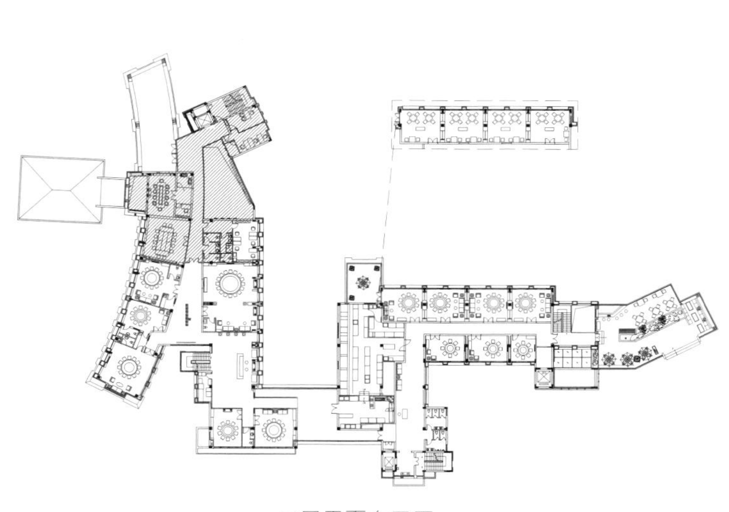

二层平面布置图

HOTEL ELITE

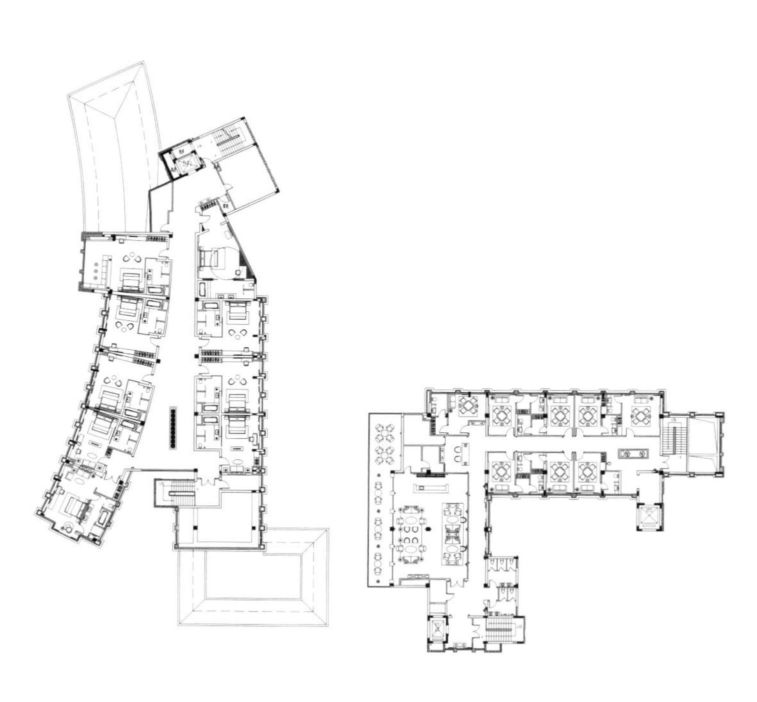

三层平面布置图

云龙会

Yunlong

设计单位：明合文吉 Design MVW

项目地点：江苏徐州

主要材料：铜、竹、雕刻

私人会所云龙会位于徐州城郊南湖一侧的云龙山内，山上常有云气环绕，峰峦起伏的大小山峰状如游龙，构成了一幅浑然天成的山水画卷。

当被问及云龙会的设计理念，设计方 Design MVW 明合文吉的回答出人意料："我们并没有用某个特定的设计理念来框定整个会所的构建。云龙会地处凝聚了千年文化的历史地缘，因此我们将中式的神韵融入了整个空间的设计中。同时，为了符合会所功能的需求，我们的设计导向自然是整个空间餐饮氛围的营造。两者结合，即成了如今你们所见的，既有中国传统元素，又不那么中式，呈现出现代中式的风貌。"此外，为了符合空间的特性，明合文吉将之前设计的经典座椅"棉花椅"、"路易明"等家具单品加以简化，在保留了设计感的同时，增强了坚实度，以降低频繁使用的损耗，令其更适合公共空间的需要。

空灵宁静的水墨山水

“在有着中国韵味的空间设计中，中国画即山水画总是不可或缺的一个装饰。但在云龙会，我们将画用建筑装饰语言来呈现，这些经过设计的‘山水画’不再是单纯的艺术作品，而被转换为空间装饰的一部分，成为整个空间的绝佳背景。”

楚汉文化的神韵

在研究了会所所在地的文化背景后，明合文吉发现作为楚汉文化发达的徐州，那里有着非常多的铜器。因此，“铜的材质成为会所装饰的一大要件，也成了空间与地域文化相互关联的一个媒介。”

在明合文吉看来，灯具不再只是照明的设备，其本身也是一种装饰品。“在电还未普及的年代，用于照明的主要是烛台，明灭的烛火那样生动，这给了我们很大的触动。我们也希望能够创造出具有生命力的光影。因此我们撷取了各种具有中式韵味的造型，通过现代设计的方式加以提炼，运用灯光，丰富了空间的光影。”

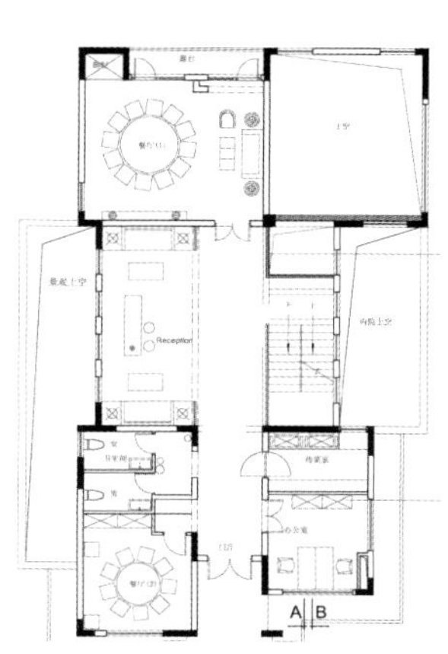

一层平面布置图

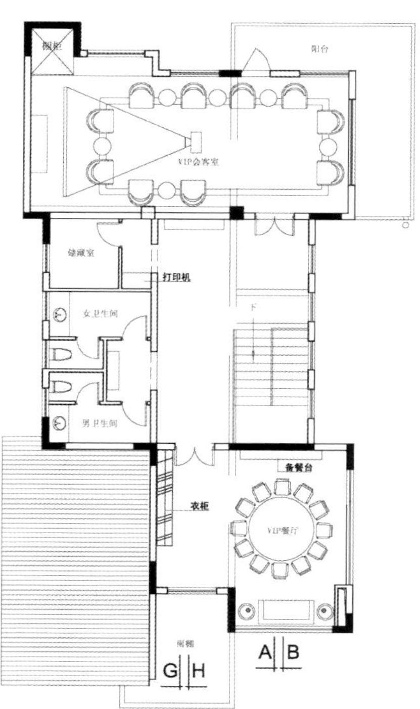

二层平面布置图

生生公馆

Chongqing Sheng Sheng Residence

设计师：吴晓温

项目地点：重庆市
项目面积：2000 平方米
主要材料：古铜不锈钢、银白龙石材、法国帝王黄石材、水曲柳、茶镜、壁布硬包

昔日豪门旧宅今日改造成为了具有独特风格的私人会所，历史场景转换成了可供欣赏的消费空间，成为重庆地区高端消费情有独钟的标志性消费场所，300 平方米私属公馆为客户提供会客、商务宴请、ktv 娱乐、养生 SPA、观景沙龙吧等优雅抒情的环境及高端的专属服务。

“生生公馆”1500 多平米的会所，隐于闹市的室外桃园，设有 14 个海派风格的豪华包间，其中特色尊贵大包间拥有叠水观景的独立花园庭院，散厅可举办小型庆典仪式，朋友聚会，公司会议，时尚派对，设有观景长廊。同时设有会员尊享的麻将室、及红酒房、书吧、网吧等。“生生公馆”是一个寻找故事的地方，由于公馆坐落在渝中区李子坝公园内，使得公馆远离了城市的喧闹，更多了一份儒雅的文人气质。

生生公馆从色调上营造“中国式的贵族”的空间氛围，水曲柳做旧的墙面配以大胆的着色橄榄绿壁布、钴蓝色布艺，儒雅中突显“范”的气质，家具、陈设、挂画均做了二次提炼，以民国时期的基调演绎现代的文化特征，“蒙太奇”的叠加手法，使得民国记忆、民国故事、民国的色彩、荡漾在空间当中，让客人去触摸、去联想、去回味。

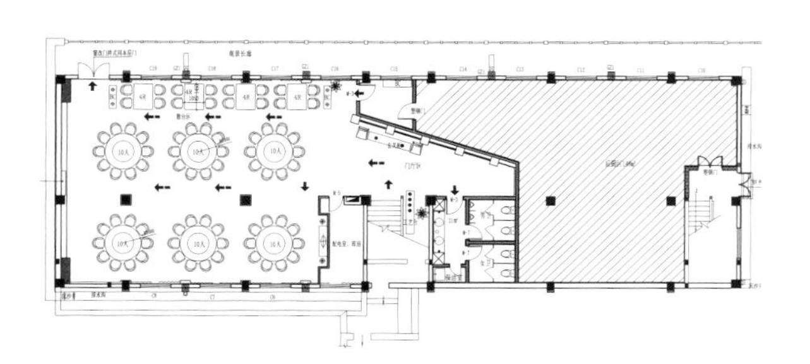

生生馆一层平面布置图

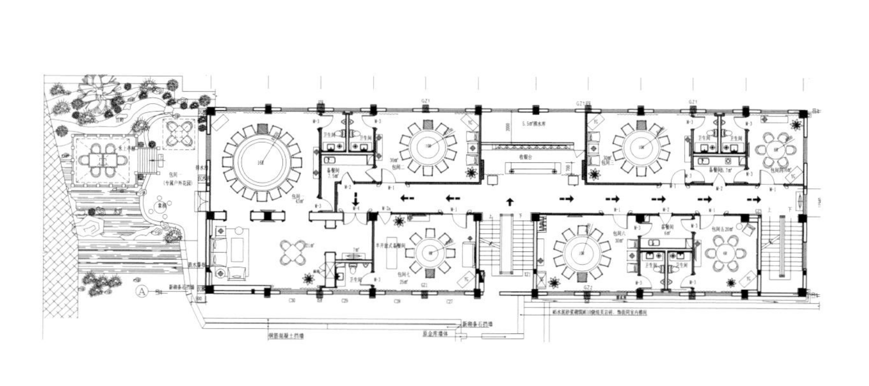

生生馆二层平面布置图

CHARLES DICKENS
CHARLES DICKENS

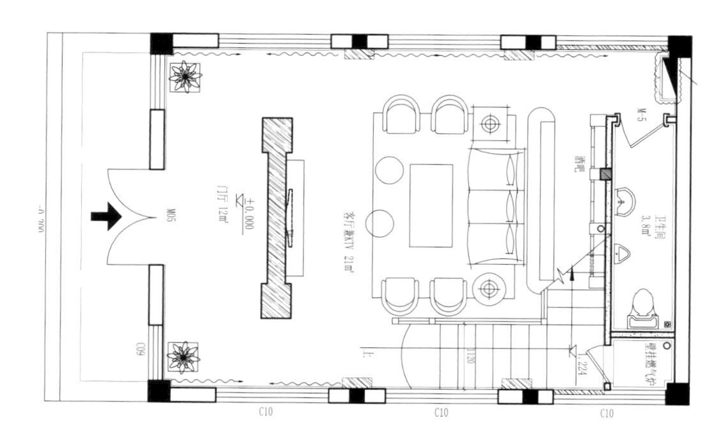
M05
门厅 12㎡
±0.000
客厅兼KTV 21㎡
酒吧
M-5
卫生间 3.8㎡
壁挂燃气炉
上
1120
1.224
C09
C10
C10
C10

高公馆一层平面布置图

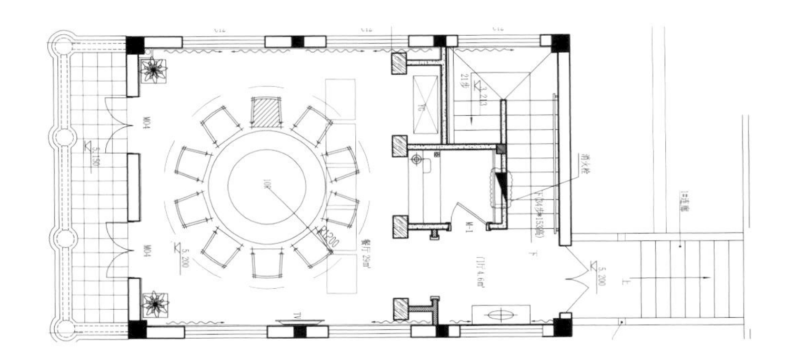

高公馆二层平面布置图

图书在版编目（CIP）数据

中式会所 /《典藏新中式》编委会编 . -- 北京：中国林业出版社，2013.10
（典藏新中式）
ISBN 978-7-5038-7184-9

Ⅰ . ①中… Ⅱ . ①典… Ⅲ . ①服务建筑 – 室内装饰设计
Ⅳ . ① TU247

中国版本图书馆 CIP 数据核字 (2013) 第 210712 号

【典藏新中式】——中式会所

◎ 编委会成员名单
主　　编：贾　刚
编写成员：贾　刚　王　琳　郭　婧　刘　君　贾　濛　李通宇　姚美慧　李晓娟
刘　丹　张　欣　钱　瑾　翟继祥　王与娟　李艳君　温国兴　曾　勇
黄京娜　罗国华　夏　茜　张　敏　滕德会　周英桂　李伟进　梁怡婷
◎ 丛书策划：金堂奖出版中心
◎ 特别鸣谢：思联文化

中国林业出版社 · 建筑与家居出版中心

责任编辑：纪亮 李丝丝
联系电话：010–8322 5283

出版：中国林业出版社
（100009 北京西城区德内大街刘海胡同 7 号）
http://lycb.forestry.gov.cn/
E–mail：cfphz@public.bta.net.cn
电话：（010）8322 5283
发行：中国林业出版社
印刷：北京利丰雅高长城印刷有限公司
版次：2013 年 10 月第 1 版
印次：2015 年 9月第 2次
开本：235mm × 235mm 1/12
印张：16
字数：100 千字
本册定价：218.00 元（全套定价：872.00 元）

鸣谢

因稿件繁多内容多样，书中部分作品无法及时联系到作者，请作者通过编辑部与主编联系获取样书，并在此表示感谢。